近代伦理思想小史

[日] 藤井健治郎／著
潘大道／译

知识产权出版社
全国百佳图书出版单位

图书在版编目（CIP）数据

近代伦理思想小史/（日）藤井健治郎著；潘大道译. —北京：知识产权出版社，2018. 1

ISBN 978-7-5130-5224-5

Ⅰ. ①近… Ⅱ. ①藤…②潘… Ⅲ. ①伦理学史—研究—日本—近代 Ⅳ. ①B82-093. 13

中国版本图书馆 CIP 数据核字（2017）第 259697 号

责任编辑：文　茜　　**责任校对**：谷　洋
封面设计：张　冀　　**责任出版**：孙婷婷

近代伦理思想小史

［日］藤井健治郎　著　潘大道　译

出版发行：知识产权出版社有限责任公司　**网　址**：http：//www. ipph. cn
社　址：北京市海淀区气象路 50 号院　**邮　编**：100081
责编电话：010-82000860 转 8342　**责编邮箱**：wenqian@ cnipr. com
发行电话：010-82000860 转 8101/8102　**发行传真**：010-82000893/82005070/82000270
印　刷：三河市国英印务有限公司　**经　销**：各大网上书店、新华书店及相关专业书店
开　本：880mm × 1230mm　1/32　**印　张**：3
版　次：2018 年 1 月第 1 版　**印　次**：2018 年 1 月第 1 次印刷
字　数：35 千字　**定　价**：20. 00 元

ISBN 978-7-5130-5224-5

再版前言

民国时期是我国近现代历史上非常独特的一段历史时期，这段时期的一个重要特点是：一方面，旧的各种事物在逐渐崩塌，而新的各种事物正在悄然生长；另一方面，旧的各种事物还有其顽固的生命力，而新的各种事物在不断适应中国的土壤中艰难生长。简单地说，新旧杂陈，中西冲撞，名家云集，新秀辈出，这是当时的中国社会在思想、文化和学术等各方面的一个最为显著的特点。为了向今天的人们展示一个更为真实的民国，为了将民国文化的精髓更全面地保存下来，本社此次选择了一些民国时期曾经出版过的、书名中均有“小史”字样的图书，整理成为一套《民国小史丛书》出版，以飨读者。

这套《民国小史丛书》涉及文学、艺术、历史、哲学、政治、经济等诸方面，每种图书均用短小精悍的篇幅，以深入浅出的语言，向当时中国的普通民众介绍和宣传社会思想各个领域的专门知识。这套丛书通俗易懂，可读性强，在专业知识和理论的介绍上丝毫不逊于大部头的著作，既可供大众读者消闲阅读，也可供有专门兴趣的读者拓展阅读。这套丛书不仅对民国时期的普通读者具有积极的启蒙意义，其中的许多知识性内容和基本观点，即使现在也没有过时，仍具有重要的参考价值，因此也非常适合今天的大众读者阅读和参考。

本社此次对这套丛书的整理再版，基本保持了原书的民国风貌，只是将原来繁体竖排转化为简体横排的形式，对原书中存在的语言文字或知识性错误，以“编者注”的形式加以校订，以便于今天的读者阅读。希望各位读者在阅读本丛书之后，一方面能够对民国时期的思想文化有一个更加深刻的了解，另一方面也能够为自己的书橱增添一种用于了解各个学科知识的不可或缺的日常读物。

目录

Contents

第一章 人格的理想主义与实用主义

近代伦理思想小史

第一节　实用主义之异名同义

实用主义（Pragmatism）之语，自美国威廉·詹穆斯（William James，1842—1912）使用以来，尤以一九〇七年题为《实用主义》（Pragmatism or a New Name for Some Old Vays of Thinking）以讲义之稿本出版以来，于思想界颇为显著之宣传。然此实用主义之语，不必始于詹穆斯，美国之皮尔士（P. S. Perce，1839—）已先此揭载《如何明晰吾辈之理想》（How to Make Our Ideas Clear）一文于《通俗科学月刊》（Popular Science Monthly，Vol. Ⅻ，1878）中始略变康德第一批判（纯粹理性批判）之"Pragmatisch"之语而用之矣。盖皮尔士以真伪之标准，在是否适于人类一定之目的，而用此"Pragmatisch"。詹穆斯则继承皮尔士之意，于一九〇七年以《实用主义》之标题公之于世者也。

始，詹穆斯称自己之说为“彻底的经验主义”（Radical Empiricism）。此彻底的经验主义云者，谓吾人之观念，须依直接智识（即知觉）而玩索之。且吾人之知识，限于可得表象之范围内。此外则非所能，故决不可谓为确实也。其后詹穆斯以皮尔士所用 Pragmatical 之语，最适于表示自己之思想，故借其语直呼自己之主义为“实用主义”焉。

此外与实用主义，表示略同之意味者，尚有人本主义（Humanism）之名，是为英国牛津之席勒（F. C. S. Schiller）之所赐。盖欧洲近世之初，既有人本主义的运动（Humanisticmovement）此人人之所知也。故人本主义之语，不必始于席勒，然近世之初之人本主义，与席勒之人本主义，其语虽同，其义则异。因近世之初之人本主义，乃反抗中世之宗教的教育，而发达天赋之才能，尤如艺术及文学，以图人性完成之教育上之主义也。与其谓为人本主义，毋宁谓为人性主义之为当。席勒则与此异，以谓善、恶、真、伪、美、丑等，皆由对于凡以目的而进行之人生之效果如何而定。其立场为哲学的。故席勒之人本主义为詹穆斯专用之“实用主义”之精神，而更能包含较广之范围者也（F. Schiller：Pragmatism and Humanism in Studies in Humanism；ames，Pragmatism，Leeture VIII，pp. 242 – 244）。今法律、政治、道德、智识，凡被称为人文者，皆人类之所作为也。因之善、恶、真、伪，皆能由人类之手任意变更。此其为说自希腊之昔，亦既有之。人所共知，则蒲罗达哥拉斯（Protagoras，about 480 – 410B. C.）实始创之。席勒之人本主义，乃复活蒲罗达哥拉斯之思想，而更加精密者也。其于《柏拉图乎蒲罗达哥拉斯乎》（Plato or Protagoras? Being a Critical Examination of the Protagoras Speechin the Theretetus with Some Remarks upon Error）之著述中，又《由柏拉图到蒲罗达哥拉斯》之论文中，谓柏拉图所加于蒲罗达哥拉斯之攻击，全不中肯。要之，彼主张所有人文以人类为中心（Homocentrie）之一点，近于蒲罗达哥拉斯。又类于詹穆斯之实用主义。詹穆斯亦于其“实用主义”之中，谓自己之实用主义，与席勒之人本主义相近也。

席勒又用“拟人主义”（Anthropomorphism）之语，此语有极广泛之意味。凡以天地自然之现象，皆拟于人类之作为而考察之之思想，是曰拟人主义。例如视日为男性之神，认月为女性之精，降雨则有雨师，吹风则有风伯。诸如人类以外之一切现象，皆拟于人类之作为而考察之者，皆广义之拟人主义也。故拟人主义的思想者，多神教的考察天地一切之现象，极幼稚而素朴之时代所流行之思想也。然席勒所用拟人主义之语，非如此幼稚而素朴之意味，唯如前所述须以人类为中心而考察一切事物之意味也。

最后与实用主义表示同样之思想者，尚有"人格的理想主义"（Personal Idealism）一语。于时有思想略同之八哲学家 Stout Schiller，Boyce，Gibson，Underhill，Marrett，Sturt，Bussell，Rashdall 各出其论文一篇，辑而成书，以论述彼等哲学上之主张，而题其书曰《人格的理想主义》，则此语之所由始也。其书之始出为一九〇二年。八篇论文之中，有论论理认识者，又有关于伦理宗教者。然以人类中心的及人类本位的思想，为其骨髓，则其共通之立场也。于此有近于实用主义及人本主义者在焉。因其命名有异而内容固亦有多少之不同。论其体系，则谓为同样之哲学体系可也。故实用主义之中，有人本主义、拟人主义、彻底的经验主义、人格的理想主义，种种名称，而不妨视为同一哲学体系之异名。

第二节　实用主义与功利主义

以上第一节，略述实用主义之由来及其沿革。由是进而叙述其内容且论评之。抑实用主义者，主张真善美为一切价值之现象，而其价值之有无由对于有目的之人类生活之效果如何而定为其主眼也。(Of. Pragmatism, pp. 202 - 204; Studies in Humanism - Protagoras the Humanism. pp. 313 - 315) 自此点言之，伦理说之实用主义，可谓为近于功利主义，然其所谓效果及利用之概念，则实用主义与功利主义不同。此两说哲学的根柢有异故耳。盖所谓功利主义者，多以唯物论的必然论的机械的世界观为其基础。实用主义，则以理想论的自由论的目的论的世界观为其基础。根柢既如此相异，结论亦自然不同。但功利主义与实用主义，根柢虽异，两者固有类似接触之点。故功利主义，又可谓为实用主义矣。然自第三者之立场观之，实用主义之视功利主义，其使用之范围犹为广泛也。复次，功利主义，为一般所认快乐主义之一种。然以快乐为道德之标准，则快乐由人而异。又虽同一之人，亦由其情势而不同。故道德上之善恶，毕竟为主观的而非客观的。即善恶之区别，全属相对的而非绝对的。若以功利主义为此种广泛意味之快乐主义，则不得不有此结果矣。然实用主义，不必为快乐主义。自蒲罗达哥拉斯说认识及道德之相对性（Relativity）、主观性（Subjectivity）而后，于是世人称蒲罗达哥拉斯主义为相对主义、主观主义。然肯定此蒲罗达哥拉斯而起者，旋即有实用主义之发生。以故功利主义与实用主义，类似接触之点虽多，因其由来与动机有异，决不能谓为全同。盖后者较前者有广泛之意味及重大之哲学的色彩也。就于此事，后幅尚有论及之机会。

第三节　人格的理想主义与自我实现说

当彼亨利希吉克以其犀利之分析力，与明彻之推理力，立于剑桥之讲坛，而唱道其合理的功利主义之时，以可惊之综合力，及可敬之品性，立于牛津之学院，与希吉克相对，堂堂正正以相攻伐者，则脱马斯希尔葛林（T. H. Green，1836—

1882）其人也。彼于其《伦理学序说》（Prolegomena to Ethics）所主张之自我实现说，实其人之所创造也。其说一时风靡英美之伦理思想界。更进而传播于日本，其影响犹至今不绝焉（自中岛博士说之于东京文科大学之讲坛，桑木博士述之于妙黑特氏《伦理学纲要》之日译本以后，日本之伦理思想界，一时顿呈全为此说占领之观）。今举所谓自我实现说之要点如次。

第一，素朴之常识及化之为理论以立认识论之洛克一派，以谓智识为物，不过外物通感官而来，袭于如白纸者之精神上，以刻画自己之姿势之形迹而已。故智识究不外印象。更严密言之，是等印象之所从聚者，智识也。故当构成智识之时，精神唯被动的为受入即象之作用，非能动的为何作用。此种智识之常识的见解，及洛克一派之经验论自葛林视之，则为谬见。盖智识决非仅仅精神之被动的活动所能构成，虽极简单之知觉，亦非仅仅被动的受入之所产生。其受入之方，固亦有自觉的主体，综合种种之感觉，更与过去之经验相较而始成立焉。此自觉的主体为何，即精神也。由此精神之能动的作用，始有知觉。例如知觉白墨之时，常识以为白与形与重，通感官以入于精神之中，而自然统一之以生白墨之知觉。其实非也。盖无一物焉，综合统一各别袭来之感觉，更比较之以觉醒过去之经验者，则此种知觉，不能成立。必有统一比较之精神及自我，此种知觉，始能成立。夫简单的一个知觉之成立，既有然矣。况于复杂而有系统的智识乎？原夫智识之可能，在于自觉的自我为能动的活动也。葛林如此以说认识之成立，可谓正立脚于康德认识批判之哲学矣。

以上述智识之成立，葛林更进以同样之论法，应用于意思之活动。谓意思活动之中，精神原理，最为必要。依彼之说，则或一派学者，谓意思感于快不快之情而活动。其物为被动的。如水之就低，从其自性，此谬见也。盖意思之为物，决非被动的仅感于快不快之情而活动。乃自动的选择之，决定之，思虑之，而建立或一定之目的观念，以努力其实现也。此目的观念，非作自他，非受自他，乃自觉的自我自作成之。质言之，意思之创作，非受动的而能动的也。而意思之自由，实存于其自动之处即能动的之处。是为葛林对于意思之说明。关于此点，葛林亦立于康德批判哲学之上明矣。

综括以上智识、意思两方面而言，葛林之说，谓吾人之认识道德，均非被动的所作成，实自觉的自我自动所作成者。盖心意自为能动原理也。若葛林之论止于此点，则彼可谓为纯粹康德学派之徒矣。然葛林更进而有所论列。依其所论，认识主体之心意，虽如以上所述，然认识之客体，果如何乎？若所认识之客体，与吾人之精神，本无交涉，无关系，而全属异质之物者，则以如此之物，与吾人之精神相交涉，相关系，极为难解。故心意之主体，作用于本来异质而没交涉之客体所生之认识，惟有主观的妥当性耳，不应有客观的妥当性也。然事实上客观的亦既成立妥当之认识，则其所认识之客体（呼之为自然），本来与自觉的自我即精神，非没交涉。而不可不具得交涉关系之性质即同种类之本质焉。盖自然客体之中，亦不可无精神原理也。必如此考索，始能成立客观的妥当之认识。葛林由此更进一步，谓认识主体之精神原理，与所认识客体即自然之精神原理，决非相异之二精神原理。

而全属一精神原理。易词言之，本来一物，别为两面。一面表现于主体，他面表现于客体即自然。而其所谓唯一的精神原理者，则宇宙之大心意大精神也。葛林称之为“永久意识”（Eternal Consciousness）及“永久心意”（Eternal Mind）。此永久意识及永久心意，为超绝时间空间之“非物”即神也。吾人所见之世界即宇宙之过程云者，此宇宙之大心意其物，渐次再现（Reproduce）自己之形迹也。此大心意次第具备万象，而逐渐开展之以表现自己，故谓之再现云尔。若是者，决非仅就认识而言，其于道德，理亦同之。道德云者，宇宙之大心意，通人间而再现之形迹也。此大心意于有限之条件下，再现自己，表示过程，是为各个人之精神。葛林于其终推论至此，实早已超越康德批判哲学之领域，而入于黑格尔泛理论之哲学之分野矣。故葛林之自我实现说，可谓立脚于康德，而没头于黑格尔之绝对主义者也。葛林及其一派如蒲拉脱列（Bradlay）辈，所谓新康德派之学者，同时又为新黑格尔派之学者，全为此故。

以上为葛林及其一派学者伦理说之概要，此说盖巧于调和康德之伦理说与英国本来之功利主义者，然详细玩索彼等之言，则有几多之弱点，可得指摘，其伦理学不能谓为彻底确立者也。自亨利希吉克始，相与论难。其后攻击最烈者，则为人格的理想主义。先是，德拉（Taylor）以立脚于实证主义之《行为问题》（Problem of Conduct）一书盛攻葛林。其后德拉以自说变更之理由，其书绝版。故以人格的理想主义为攻击葛林一派之最初而主要者，非不当也。

抑自人格的理想主义之立场而批评葛

林氏之思想者，本有种种。今试举其代表几蒲生氏（Gibson）之批评（Philosophical Interpretation to Ethies）。

第一，自几蒲生观之，若如葛林之说，以个个之自我为大我之一部分（即其权化），而于自己之上，再现大我。则一切世界，惟一大我之示现。此其思考，为泛神论。而泛神论之结果，各个人之小自我，实现自我。易词言之，大我通小我而再现自己，则一切归一而已。一切归一，则泛神论不得不再转而为还没主义。还没主义，俄而为寂灭主义矣。彼等虽自说活动主义，此不过云云而已。实则寂灭主义也。然而我辈之自我，有统一与内性焉（Unity and Inwardness）。统一云者，自己常为一个自我也。又如拉修脱所云，自己之为自己，非由他物为之。自己之本性，于为自己之所为，而自我之内性存焉。自我之自身为独立者，非派生者也，又非为他物者也。立于自我其物之立脚地，则由物之不可入性（impenetrability of matter）而一常为一。故无论如何，不能取一元的见解，而不可不取多元的见解焉。

第二，葛林一派之立场，依然为康德之形式主义。故亦继承康德形式主义之病。即康德之第一批判，第二批判，皆形式的研究，而葛林亦用此方法。彼之自我实现云者，在于各各之自我立人格的善而实现之。然人格的善，果为如何？据彼所云，则各人以为使己最多满足者，人格的善也。例如读书与散步孰善，甲取读书，乙择散步，甲以读书最多与满足于彼，乙以散步所与之满足，尤胜于读书。若果如此，则为善恶无别焉。盖各人以最多与满足者为善，则善恶必至于无别也。今葛林以圣贤选择圣贤之目的观念，小人选择小人之目的观念，研究全无内容之形式，结果至于如此，实彼弱点之一也。抑独立自我之发展，决非如葛林所云，大我之自己再现也。易词言之，独立自我之为能动的，决非勉为大我之再现。又虽有大我，而世界人生之过程，是否为此再现，亦不明了。自我唯取于自我生活之便者，避其不便者而已。此几蒲生之主张也。

第三，神之外性（Otherness）之云，亦为不当。神之外性云者，在葛林一派之思想，以谓吾人有精神原理，宇宙亦有精神原理，二者一物。因神之在外而实现自己，于是为自然，为自我。盖葛林由神而出发。由是以考索世界及自我也。此如常识之观自然，以入于感官之物，依样存在。即眼之所见，耳之所听，口之所味，皆以为依样存在者也。葛林由神发足，自于常识所与客观的自然。而由此出发，同不正当。盖葛林以神为中心，吾人之实用主义，则以人类为中心。此绝对主义与相对主义分歧点之所在也。

几蒲生如此批评自我实现说，且发展其人格的理想主义之思想，依彼所说，则哲学之发达，可分为三时期：第一，本体论之时期，此属于哲学之初期。在此时期，人始以惊异之眼，向于围绕自己之世界，而研究其本体及其归结焉。或以世界之本体为水，或以世界之本体为火，人各异说，卒之，关于本体之智识，暧昧不明。由是于研究本体之先，此本体为物，果得认识与否，遂认为有研究之必要矣。于是由本体论之时代，乃入于自己知识能力之反省时代。即第二认识论之时期。然认识毕竟依于经验，故于此不可不先为经验之批判。由此经验批判以审察吾人生活上之意义，而归结于决定吾人认识之真伪之基本的标准。此认识论之时期，遂最后达于第三实用主义之时期。故此实用主义，乃近于亚费拉雷斯（Avenarius）等之经验批判（Empirico－Criticism）。盖实在云，本体云，非离吾人而存在者。对于吾人以何等要求及兴味之对象，始有其意义与价值也。若无何等之要求及兴味，亦无何等之实在及本体矣。实用主义立脚地之特质，存于此点。而几蒲生更以此实用主义立于哲学的论理与哲学的心理之基础上。所谓立于哲学的论理之基础上者，判断真理之活动，在豫想或目的，即有极的思考真理也。所谓立于哲学的心理之基础上者，乃自有极的心理学之立脚地而观察精神活动，例如斯脱提（Stout）之心理学，不止记载精神之作用，而以精神之凡作用，皆为有极的之心理学也。·

复次，路修达（Rashdall：Theory of

Good and Evil, 1907）对于自我实现说之中心思想，亦曾加以峻烈之批评。兹约其攻击之要点，为次之六条：

（1）路氏谓如以自我实现依其文字之意义，严密解释，则无意义。盖由实现自我之语意思之，今之自我，非现实者。必由何等之活动而现实其非现实者耳。此自我实现之义也。故依其文字，今之自我，须为非现实者。然观其实际，今之自我，无论如何，皆为现实者。故自我实现之云，在字义上了无意义。

（2）如以自我实现解为实现自我所有之“或能力”，则自我实现之说，必归于善恶无别。兹举一例。甲以音乐之能力，视为“或能力”而发达之，为自我实现乙又以诈伪之能力视为“或能力”而发达之，亦为自我实现。虽如何性质之能力，要之以或能力而发达之，即为自我实现，则于善恶之区别，道德不道德之区别，一切废除矣。

（3）如以自我实现为充分实现一切能力者，此亦全不可能。一人而欲充分发达其智情意，乃不可能之事。若欲发达或才能，则他之才能，必为牺性。如某人长于数学，其人所需于历史等记忆力之科目，不得不牺牲矣。又某人欲圆满发达其感情，则智识与意力，不得不牺牲矣。盖自我实现，必以自我牺牲为伴。不如此，则自我实现，不可能也。

（4）若以自我实现，为将一切才能，同等发达至或程度者，则如前所述，发达一切能力，乃终于不可能之事。其次，如将一切才能同等发达者，则于或种情势不免化为平凡，或中道而废耳。以如此解释自我实现说，终不得不陷于平凡主义也。

（5）若以自我实现为仅实现吾人能力中之高尚者，而不实现其下劣者，则吾人于主张自我实现之前，不可不先明区别能力高下之标准。然葛林、蒲拉脱列等，未尝规定如何之标准，假让一步，谓有标准，然下劣能力如男女之欲、饮食之欲等，必不免过受酷虐之待遇。而知识则以高尚能力之故，将蒙较好之待遇焉。但饮食男女之欲，亦为生活上所不可缺者，其与智识之欲，固无异也。

（6）葛林以自我实现说同时又为“洽善说”（Theory of Common-good）。依彼所说，人人皆自己实现自己之人格的善。但人格的善，毕竟包含他人之善。由个人的观之，虽为人格的。自客观的言之，则为洽善。即葛林以一个人之甲，包含其他个人之乙丙丁等于自己之中。易词言之，自我者包含一切之他我于其中也。然此为一个暧昧之形而上的推断。真正之自我，则如前所述为不可入的。其自身为独立完成者。故自我决不包含他我也。

拉修脱谓惟于以上六种意义，吾人可得就于自我实现之概念而思索之。然此六种意义，于伦理上皆不能成立。故此自我实现说，不能为伦理学上之主义也。

第四节　实用主义与功利主义

如前所述，实用主义，自其首倡之詹穆斯其人言之，惟为思想之方法（Way of Thinking）。盖进行思考之方法，而非哲学上之体系也。彼意依其方法不特认识而已，凡道德乃至美丑之价值，皆判定之。然用此种思考之方法而推索之结果，因以成一思想之体系。即由实用之思考而产生一种认识论之思想体系也。道德亦与此同。以实用主义的思考之，则产生实用主义的道德之理论。故詹穆斯之实用主义，虽为思考之方法，自其结果观之，可视为一种思想之体系矣。今试以实用主义之思考方法所推索之伦理说及功利主义比较观之，可发见[1]有甚相类似之点焉。例如拉修脱，批判希吉克之合理的功利说而卒立快乐主义的功利说，与非快乐主义的功利说。前者之可能不必论矣。虽后者亦可能也。依彼所见，同一功利主义之中，有快乐主义的功利主义，及非快乐主义的功利主义。所谓古典的功利主义，则快乐主义的功利主义也。希吉克之功利说，则非快乐主义的功利主义也。从来功利主义可以快乐主义的思考之。亦可以非快乐主义的

[1] “发见”，当为“发现”。——编者注

思考之。最后且说及“理想的功利主义”。故彼之实用主义渐与所谓功利说接近焉。然细思之，实用主义，要为一种认识论，及以此为基础之哲学的主张，决与功利说不同。此无待言者。盖功利主义，可谓无哲学。实用主义，其自身有一种哲学也。此虽于拉修脱有然，于詹穆斯为尤著。詹穆斯之实用主义，为一种认识论，已述如前。依彼所说，（第一）吾人所认识之理想的真理，不可不加以检证（Verify）。而（第二）此检证（Verification）惟于实行上之结果（Practical Cosequence）能之。（第三）所有真理，即认识之目的，全在实行，盖知所以为行也。（第四）虽如何之真理，于极端之怀疑论者，毫无权威。得便彼等承认者，惟有行耳。例如假定一杯之水，其中有毒。其时怀疑论者或以其智慧否认之亦未可知。然试饮之，由其实行上之结果，始不得不承认之。盖实行之结果，至感腹痛，此无能否认者也。由是言之，智慧为行为而存在明矣。果尔，则（第五）真理不得离于吾人而有一定不变之客观的形式亦明矣。盖真理者，吾之真理，与吾共生起共变化者也。故（第六）无永远不变之真理。惟在我等生活中有益于“生之满足”（Vital Satisfaction）得为真理而已。吾人为存续增进吾人之生命计，常弃旧真理而取新真理。申言之，彼真理者常变化改容者也。詹穆斯之所谓真理，为生起者。故为主观的，为相对的。惟其以真理为相对的、主观的，故为蒲罗达哥拉斯之主义者。而实用主义，于此与蒲罗达哥拉斯派大有因缘也。

詹穆斯于道德亦为同样之主张，以为真之云者，依于吾人思考方法之便宜者也。正之云者，便于行为者也（Pragmatism，p. 222）。善之本质者，不外仅满足吾人之要求之谓也（Will to Believe, p. 210；The Moral Philosophy and the Moral Life）。又伦理学上无最终之真理，与物理学同样。盖道德的真理，与物理的真理，同为进化之真理。伦理学上若有不变之真理，则此真理不可不为最终之人类之所思考者也（Will to Believe, p. 184）。以此一切为相对的、主观的，虽认识之方面、道德之方面乃至关于实在，亦全同一。此詹穆斯之主张也。此实用主义与彼蒲罗达哥拉斯之思考方法相结合，则视功利主义更加深厚而能哲学化者也。席勒之说，亦与此同其根本主张者，于此略之。

第五节　实用主义之功过

如上所述，实用主义，自认识论言之，自道德论言之，皆主观主义也。在主观主义之中，实用主义，又主意说（Voluntarism）之主观主义也。今试遡主意说之由来，则不可不求之于极古之时代。例如中世之同斯斯可达斯（Duns Scotus）之名目论（Nominalism），亦可寻出其渊源。然至近世高唱主意说而宣传之者，当以萧宾霍尔为始。自萧宾霍尔力说意志以来，哲学上道德上皆盛倡主意说，一般之趋势，行贵于知，腕尊于脑，故于认识论道德论，亦成意重于智，行高于议之结果。加德尔伍德（Calderwood）有言，实用主义之认识论，“亚美利加风之认识论”也。亚美利加者，殖民地，新开地，多忙之商业地，故视行尤重于思也。在充如此要求之土地，而有詹穆斯之哲学，此属当然之事。若实用主义许用“效用哲学”（Philosophy of Unity）之语，恰为此物，而实用主义之立脚地，多在于此效用基础之上也。自伦理说观之，实用主义，可谓功利主义及其哲学论，故亦为相对主义。而个人主义亦其归结也。

第二章 个人主义

第一节 个人主义与现代

范提（W. Eite）于其所著《个人主义》（Individulism 1707—1708）劈头有言，现代无论何事，往往社会社会云云，盖政治经济道德各方面无不为社会的也。因不承认各个人之价值与尊严，而个人乃不得不陷于极可悲愍之状态。余今欲逆于此种倾向而主张个人之价值与尊严焉。然此蔑视个人价值之倾向，不必入于第二十世纪而始发生。自彼古典的功利主义尤其达尔文生物进化论出世以来，斯宾塞尔则曰，生物之团结力强，而为巩固确实之团体生活者，其个体虽弱，毫无妨碍。又一方因社会主义之运动，与欧洲列强国家统一事业之兴起，于是团体及国家之意义与价值，盛倡一时，而大为一般所重视。个人于此，无何等之权威与尊严。不过一个有机的机械，一个工具而已。然其反动，则自十九世纪之末叶，个人主义之声，次第加高，彼加莱尔（T. Carlyle）之英雄论，可视为此种呼声之一矣。本来个人主义之色彩，英国视德国为浓厚。此古典的功利主义云，斯宾塞尔之进化主义云，团体主义云，皆饰表之招牌。其实不妨认为个人主义也。夫团体良好，则构成团体之个人，皆有幸福。其目的所在，要为个人之满足与幸福耳。所以然者，由于英国人素重经验。在昔洛克（Locke）、休谟（Hume）之经验论，虽如何视之，皆英吉利之产物。于英吉利以外实难发见。惟其有重经验之倾向，故仅以触于经验者为实在也。经验即实在之思想之发生，乃当然而亦自然。今见有白墨甲乙二枚焉，自经验观之，甲与乙属于别物，而为各自分别之实在。盖在经验主义，其视个体各各保其独立之存在，故自然置重个体也。然在德国，则团体主义之论调，较此遥高。申言之，一切皆团体主义的。是或与德国人尚推理之精神，有何等之关系焉。以推理之结果，则求或物于其根柢。例如虽见甲乙二枚之白墨，而欲发见其间一致共通之点也。盖重推理，则横于一切之根柢，必有其实在，因而尊重团体矣。加之，国家统一之事业，在德国极为必要，故亦极盛。及其弊也，自十九世纪之上半期，彼极端的个人主义，遂以反动而发生焉。如彼马克斯斯醴尔拉（Max Stirne，1806—1886）之彻底个人主义者之出世，不可不谓为非常有兴味之事实矣。

第二节　个人主义之种类

个人主义，人易言之。然所谓个人主义者，何也？则由人而异其说。范提分个人为自外所见之个人，即机械的个人。与自内所见之个人，即自觉的个人。于此亦非无一理。然余则欲分为：（1）自一般的共通的平等方面所见之个人。（2）自差别的特殊的方面所见之个人。今试以式表之：

$$\begin{aligned} &\quad\ \ A \quad\ B \quad\ C \quad\ D \\ \text{社会} &= ax + bx + cx + dx + \cdots \\ &= x\ (a + b + c + d + \cdots) \end{aligned}$$

以此 ax bx cx dx 各为 a、b、c、d 等之个人。今自各个人所共通之一般的平等方面，观此个人。而以因子 x 为各个人之实相。更以特殊的差别的 a、b、c、d 等观此个人，而以a、b、c、d 等为各个人之实相。由此两种方面观察个人，则个人主义，可别为自共通的方面所见之个人主义，与自差别的方面所见之个人主义。从塔复斯教授（Prof. Tafs）之语，前者为平民的个人主义（Democratic Individualism）。后者为贵族的个人主义（Aristocratic Individulism）。后者主张个人皆特殊之a·b·c·d·等之个人。故自其内容言之，诚千差万别；而以各主张其特殊个人之形式观之，则个人主义，惟有一种。然所谓平民的个人主义者，其x，即共通之x为何，亦由观察之方法，而分为种种之个人主义。今以x为人类之感性，则其个人主义为感性的个人主义。以x为理想，则其个人主义为理想的个人主义。于是个人主义，可分为（1）贵族的，（2）感性的，（3）理想的或人格的个人主义。

第三节 贵族的个人主义

贵族的个人主义者，极端主张一切个人所有差别的特殊的自我之说也。以此之故，其于此说，不能主张各个人皆一律平等。即自主张之人言之，自己相信自己有可主张之充分价值而主张之，于他人之事，非所知也。然各自相信自己有主张自己之价值时，果谁得辨别自己之优劣乎？a、b、c、d 等，果孰优孰劣，不能明也。惟实际竞争之际，真有优胜之自我者，能主张其自我。其不然者，不能主张，从而灭亡已耳。优胜者之主张自己，真正之自己主张也。自此贵族的个人主义之主张言之，弱者惟有劣败灭亡而已。此为尼采（Fr. Nietzsche，1844—1900）之思想，无待言也。彼最好研究萧宾霍尔（Schopenhauer）之说。如前所述，萧宾霍尔，以意志为实在，而力说意志。其意志云者，“生之意志”（Will zum Leben）。即此意志为一切世界之意志也。然则所谓“生”者，果为何意？此自觉的自我，生活于最满足之生活之谓。如无机物及草木之送其生活，非真“生”也。然则此自我之满足云者，又为何似？此自己之本能满足之谓。顾本能甚多，不能一切满足。惟有满足其最强者，则 Will zum Leben 也。今自己最强之本能，即得权力之本能也。故满足此之生活，则真之生活，有意义之生活也。以是彼 Will zum Leben，俄而为 Will zum Macht 矣。尼采以是为真伪之标准，且为善恶之标准焉。善者，此意志之满足也，以故因为善事而所有行焉。有阻害此者，则芟夷之。是即为善。其屈服于此者，则恶而已矣。若有抵抗，则排除之。此“进化”也。进化云者，生物因生存竞争而优良之种存焉之谓耳。由是而生者则所谓“超人”（Übermensch）矣。此超人者，非享乐者也，非求幸福者也。惟极端发展自己所有之力，自作法律，守而行之，自律故自由也。以超人为理想而努力者，“贵族道德”（Herrenmoral）也。“博爱”“仁慈”者，基督教所教之旧道德也。“神已死矣”“博爱”“仁慈”，弱者为保存自己所立之道德也，为罗马人权力所压之犹太人之泣言也，奴隶道德也（Sklavemoral）。呼此为至上之道德，谬矣。吾人今后不可不生息于新价值之下。申言之，不可不要求“一切价值之颠倒”（Umwertung aller Werte）。以此，尼采之说，可谓为贵族的个人主义。

马罗克（Mallock）之个人主义亦然，依彼所见，社会之进步，不可不待于伟人之指导。伟人立于多数人之上而指挥之、使役之，以实现自己之理想，于是社会之进步起焉。所谓历史者，伟人之所作也，由伟人之奋斗而生者也。然则此种伟人，如何出现乎？曰，由于竞争。当其竞争也，弱小者亡而伟大者存焉，此伟人出现唯一之方法也。因生存竞争之故，优良之种，渐次遗传，此进化论之说也。尼采、马罗克，共受生物进化论之影响，于此点一致。然尼采对于宗教加以攻击，马罗克对于社会加以攻击，此其异耳。依彼则活动今日之产业组织者，支配人也，由于支配人之脑之活动也。因支配人支配能力之不同，而及[1]大影响于其结果，成功、失败，皆视支配人之脑如何耳。故如今日之产业组织，而欲建大事业者，非大才不办也。劳动者无此能力，惟支配人有之，故报酬惟支配人应取之。且劳动者为生存竞争之弱者、失败者。彼胜者、优良者之取报酬，岂不当耶？

与尼采、马罗克贵族的个人主义相反者，有脱尔斯太（Tolstoi）之无抵抗主义。其说重简易而尚劳力，此为挽近思潮之重要事实而吾人所不能忽视者无待言矣。

[1] “及”，应为“极”。——编者注

第四节　感性的个人主义

前述之式 x（a + b + c + d + …）即人类共通平等之 x，若为感性者，易词言之，若人之本质在于求快避苦之感性的方面者，又若主张此感性的个人而发展之可认为道德者，则此即感性的个人主义矣。彼古典的功利主义，皆为此感性的个人主义。斯宾塞尔、穆勒之团体主义，皆由人之求快避苦而出发以说最大多数之最大幸福。然此等团体主义，不过表面，其实要为个人主义。边沁有言："一人惟以一人计算，无论何人，不可以二人计算。"故彼之功利说，究不可不谓为立脚于个人主义者也。

吾人今以主张感性的个人主义之最著者之一人马克斯斯提拉（1806—1856）

所说而概观之。斯提拉分人类之精神为少年期、青年期、壮年期之三段，由此以明道德之旨。意谓人性要由快苦所动，其归趋在于感性的自己。故从一切的拘束以解放自己，而满足自己之本性者，此唯一之道德也。然其所谓人类精神发达之三段者，其特征为何乎？依彼则（第一）属于少年期之特征，概括的言之，为无我之梦中为任其自然之生活，为无善、恶、真、伪、神圣、污秽之差别为纯粹而无矛盾，无冲突，无烦闷也。次（第二）则青年期，其特征在不满于耳目之所直摄，即通感官由经验之所赋与而求其实在于目所见耳所闻之现象之奥蕴焉。盖现象，假物也，空物也。惟实在为真物，为在于真之物，目不可得而见也，手不可得而触也。如此自作实在，即在于真之物，因以束缚自己易词言之，自作宗教、国家、社会，而有所谓宗教之信仰、国家之权威、社会之道德等，因以束缚自己焉。要而言之，彼为固执观念之一种精神病者，则此时期之特色也。故此青年期之人类，其所渡之生活则被禁锢之囚的利己主义之生活也。最后（第三）壮年期，则从如上所谓宗教之信仰、国家之权威、社会之道德，一切束缚中而自由解放之。盖此等宗教、国家、道德者，凡以为自己生活利益之便宜，自作之而自守之也。为自己之便宜而作成者，自亦可为自己之便宜而舍弃之。由此等之枷锁而解放自己，此壮年期之特征也。即青年期没己于真理、理想、神圣之中，壮年期则向其中以见己也。神乎？国家乎？社会乎？由自己观之，皆自己生活上之方便，由自己所作成者也。故惟于自己生活有益之范围，始可继续存在。若无益者，则改废之，有何不可？社会之有道德，国家之有法律，犹家屋之有栋梁也。有栋梁，则家屋以立，栖止便焉。然因此而自己之头，为之不伸，以至感种种之不便者，则破坏之，固其宜矣。世界之中，本无客观的所定之正邪善恶，惟有力者，因满足自己之意志而作成或种规则，使弱者守之而已。道德者，强者所任意作成者也。以上为斯提拉思想之要旨，此即希腊诡辩学派（Thrasymachos）之思想矣。

如斯提拉之主张，以言个人主义，诚为个人主义。然适当言之，可谓否认客观的道德存在之道德的虚无说（Moral Nihilism）。然如斯提拉以自己之感性为人类本来之性，即以求快避苦之利己的性情为人类本来之性，而立个人主义以贯澈之，其势必至于此也。何则？依斯提拉之思想，神云，国家云，社会云，皆人以其便宜所作成者，卒之，惟己于世界中为最高，自己以上，自己以外，不认有何等可尊重之权威也。于此意味，视各人皆为平等，此平等之各人，不认或第三者之权威，若营团体生活，则其团体生活中，无当然可为权力之中心者。譬之物体，无重力之中心也。若无重力中心之物体而得存在，其物必不安定。与此相同，聚无权力之中心者于一团体，其团体必不安全，而不得不为所谓无政府的团体矣。感性的个人主义，势必陷于此种结果也。

第五节 理想的个人主义

今若以万人共有之X为理性，即人类意志活动之时，不由快苦之感性决定，而以意志为合理的，以理性为其本质之时，由是而成立之个人主义，与前之感性的个人主义，全呈异相。质言之，非感性的而理想的个人主义，于此成立焉。康德视凡人皆具理性之人格者（Person），人格者之人，一切平等尊重，而为其自身之目的，此彼所立之个人主义也。然彼之个人主义，如前所言，决非利己主义。在康德之个人主义，其尊重他人也，犹以自己为一个人格者而尊重之。其人格者之团体，康德呼之为目的之王国（Reich der Zwecke）。在此目的之王国，其为教也，爱人如己。然在利己主义，但使于己有利，他人如何，非所问也。以故康德之个人主义，决非利己主义。要之，理想的又人格的个人主义也。

凡立脚于康德者，皆取以上之思想。彼新康德派之人，如修多鼎加及修但拉皆是也。彼等以“自由人类之亲和的共同团体”之语，表其理想。尤如修多鼎加明白区分 Gesellschaft 与 Gemeinshaft，而高调 Gemeinshaft。其在日本，同谓之社会。Gemeinschaft 则用以指一家族之亲和的共同团体，Gesellshaft 则用以指如股分[1]公司者，由利害得失之关系而成立之团体。所谓社会之理想，不在后者，而在前者，此无待言也。

复次，黎蒲斯（Theoder Lipps）亦可谓新康德派之一人，而尤可谓纯粹继承康德者（晚年虽不必然），盖黎蒲斯从于康德以唱人格主义及人格的个人主义者也。彼主张之要点如次：

第一，道德者，价值也。善恶者，价值也。然言价值而价值亦有种种。当饥之食，频渴之水，皆有价值。然则道德之价值，果为如何之价值乎？道德之价值者，“人格之价值”也。申言之，人格其物之价值也。黎蒲斯对于人格价值，而以“事

[1] “分”，当为“份”。——编者注

物价值”之语表示人格以外之物，人格价值以外之物，皆事物价值也。即彼区别价值为人格价值与事物价值，道德者，全属于前者之价值也。

第二，今以此人格价值，感于自己之中之感情，为“人格价值感情”。反之，感于事物价值之感情，为“事物价值感情”。吾人之行为于道德上有价值与否，视其行为之动机，由于人格价值感情，抑[1]由于事物价值感情而定。若由于人格价值感情者，其行为在道德上可以赏赞。若行于事物价值感情者，则道德上应非难之。

第三，快乐主义之所谓快乐，有高下之别，例如饮食之快乐，放逸之快乐，下

[1] “抑”，当为“亦”。——编者注

等之快乐也。反之，杀身成仁，若其人视为至乐者，其快乐为高等之快乐也。然在快乐主义，如何区别快乐之高下，其标准殊难任之于常识。黎蒲斯于此，则区别极明。即下等快乐，为事物价值感情。高等快乐，为人格价值感情。此于理性之根柢，证明道德的价值之本质者也。

第四，吾人理性的生类，皆客观的具备人格价值之人格者也。以故人皆能为道德之主体，又无论何人，皆能感于人格价值而有其动机，故能实行道德也。于此道德可能之根据存焉。

第五，黎蒲斯效康德之无上命法，而立吾人行为之最高规范。康德之无上命法曰："汝之意志格律，同时得为普遍的立法之原理者，汝其行之。"黎蒲斯殆仿此意味而为如次之言曰："如有汝决定同样之客观的理由，汝常得决定同样之事，且须如以内的必然之意思而决定焉。”如此，黎蒲斯可谓纯粹说康德派之个人主义，而极端发挥康德式者也。

于此，欲与黎蒲斯相提并论者，则为俄伊铿（Rudolf Eucken）焉。其人极负盛名，其学说几为思想界所共知，无庸多赘，兹但简略言之：

俄伊铿思想体系之中心，为精神生活（Gestistges Leben），此无待论者也。俄伊铿之精神生活云者，非如普通心理学所谓知情意之生活之浅薄。然则彼之所谓精神生活者，果为何物乎？盖活跃于其自身中之规范意识，即为“应如此”“不可不如此”之意识所刺激不得已而活动之“心灵的生活”也。以故自觉的从于自己之“应”，斯为自由自主也。然此心灵之主体，因种种之外物而妨害其活动，阻止其活动焉。人生之懊恼、烦闷、苦痛，由此而生矣。

于是为使此心灵的主体，发挥其本来之面目，对于是等一切之妨害与障碍，不可不排除之，扫荡之，即对于是等一切之妨害，不可不宣战，且为最激烈之战斗焉。惟其如此，然后人之为人之真面目、真骨顶，始能发露。故人类生活之实相，战而已矣。然妨害其心灵之活动者为何？“自然”也。俄伊铿之所谓“自然”不止包围人类之狭义的自然，吾人之肉及由此而生之物质的欲求等，亦在其内，而应与之为对手以宣战焉。故俄伊铿以自己之说为奋斗主义（Activisim）。然此奋斗主义之语意，非如世俗所使用为物质的世间的成功而奋斗之意味之凡俗浅薄也，乃为心灵其物所不得已之自己解放之奋斗，故为道德的。与其谓为道德的，无宁谓为宗教的也。然其奋斗，非豫想调和妥协之微温的奋斗，乃胜败存亡不至其极而不已之奋斗。由此可见全人生命之活动。由此以度有意义之人类的生活。此俄伊铿哲学之中心思想也。

今观黎蒲斯与俄伊铿，于此可得一大对照焉。即俄伊铿为热心之宗教家，豫言者，以其舌端如火之热烈言词，激动听者，尔时论理之整备如何，分析之透澈如何，所不暇思也。与此相较，则黎蒲斯要为讲坛之师，书斋之士，骤读其书，若不足以引起人之情感者，然如其《伦理学之根本问题》（Die Ethischen Grundfragen）一书，彻头彻尾，说理醰醰，入微穿细，极深研几，使人涣然冰释，味之无穷焉。综彼人格主义之说，高唱宏毅之人格，终卷思之，觉无间然，而若有非可言诠者，遗于心中，是余之所经验者，且恐不止余一人之经验而已也。彼惟说冷静致密之理由，毫不以豫言者的态度示人，犹能动读者精神之中心，使余觉黎蒲斯之书中，若有何物，非其书中，实黎蒲斯其人之中，若有何物也。然而日本无论矣，虽英、美等国，亦但说俄伊铿，少及黎蒲斯，宁非怪事？其人今已物故，斯真堪悼惜者矣。

如前所述，范提之个人主义，有外观之个人，即机械的个人，与内观之个人，即自觉的个人。而以前者为主之个人主义，无论如何，不得成立。何则？机械的个人，如物质的物体之一个、两个焉。此物质的物体，互相排拒于一空间，不得同时有相异之二物。一方增加，他方必然减少矣。与此同理，机械的个人究为排斥的，无论如何，不能一致协同。故主张机械的个人之个人主义，不得不为利己主义，如此学说，必不能成立正当之伦理说也。反之，主张自觉的个人之个人主义，实能正当成立。不宁惟是，必依此而真正之协同一致，始属可能。盖自觉之本质上不可不如此也。依范提，则心者一而多，多而一，一与多能于心合一焉。吾人同时为智、情、意之种种作用，此即多也。然使吾人健全，则此等乃唯一我之作用，乃有统一意识之作用，此即一也。以故心之活动，能集过现未三世于一时而生活焉。在物质则过现未三世，各不相关，在人类则一而已。何也？现在者，过去之多之集积，而为一个我之所作成，故现在之活动，即过去之结果也。又我将生存于未来者，吾人欲彼欲此之现在行为，乃为未来而生者也。即心于能集过、现、未三世于一时而生活之点，可谓多即一，一即多。故此种个人主义，不相排拒也。夫基于意识及自觉之个人主义，可以成立无俟言矣。且惟由此而团体生活，始可能焉。范提主张之根据，即在于此。且欲以如此思想，努力解决今日之社会问题者也。此正与前述之修但拉及修多鼎加之思想为一系。

第三章 社会主义

第一节 “社会主义”之语意

“社会主义”之语，有广、狭二义。昔亚里士多德谓全体先于部分而存在。若以广义解释社会主义则为团体主义，而亚里士多德之说，亦入此中。然今日而言社会主义，则其意义，较此为狭。今日之社会主义云者，不指亚里士多德之所谓，而指马克斯[1]之所谓。关于此狭义社会主义之语，始于何人，今犹不明。然一般相传一八三五年英国之社会主义者，路卑尔提俄文（Robert Owen，1771—1857）实首倡之。当伦敦开万国各阶级者大会之时（Assoc，of All Classes and of All Nations），在其讨论之席上，某一人曾谓“吾辈社会主义者”，此其始也。而此时“吾辈社会

[1] “马克斯”，今译“马克思”。后同。——编者注

主义者”之云，乃指对于现状抱有不满之思想者而言，其后始对此附以种种之名目焉。

（甲）空想的社会主义（Utopian Socialism）。空想的社会主义云者，对于现时社会组织之缺憾极怀不满，以为如其想象而改造之，则社会一切之人或得满足，而因以说明新社会之组织与制度也。例如摩尔（Moore）之 Utopia 或堪巴尼拉（Campanella）之 City of the Sun.，培根（Bacon）之 Nova Atlantic 或巴布甫（Babouef）之 City of the Equals 等，皆属之。所以见称为空想的者，以其不说现代社会如何而生，及自己所倡之新社会如何可能等理论上之根据也。

（乙）科学的社会主义（Scientific Socialism）。科学的社会主义者，研究现时之社会如何成立，并述其可以改造之故，又理论的考索其应如何改造也。以故称为科学的，德国社会主义者加尔马克斯（Karl Marx）一派之说属之。

（丙）讲坛社会主义（Kathder – Socialismus）。讲坛社会主义云者，始于大学教授在其讲坛叙述所谓社会政策的思想之经济说也。一八七一年，俄彭汉（Oppenhein）寄一书于《国民新闻》（National – Zeitung），痛诋当时之大学教授，例如今之柏林大学之修摩勒（Schmoller）、先伯尔（Schönberg）、路斯廉（Rosler），谓彼等乃隐于讲坛之人，唯喋喋其口而已，并无何等实际之行动。彼等乃口之人，非手之人。彼等之社会主义，乃讲坛社会主义也。然修摩勒不以为迕，反取而名其同侪之说。此讲坛社会主义之名称之所由始也。

（丁）基督教的社会主义（Christian Socialism）。基督教的社会主义者，准于基督教之教义，而解释圣书之文句，以助长社会运动，从基督教的爱之立场以说社会主义者也。金斯勒（Kingsley）一派之主张，即属于此。

第二节　科学的社会主义

夫不满于自己周围之社会及时代之现状而努力以达较良之境遇，此为人类一般之常态。盖人类何时皆以自己之社会及时代为历史上之最恶者，而慨叹之，骂倒之也。惟其对于现状之不满，故以此为刺激而奋发焉。因此奋发，而改良进步于是乎起。原夫历史之所以开展，乃对于现状不满之结果，以故现状打破，不必为现代之特产物。凡历史上所呈政治社会之大变革，皆现状打破之绝叫之结晶。彼第十九世纪之初，甚嚣尘上之社会主义之呼声，仍不外现状打破、社会改良之呼声也。然彼等究向于社会组织之何点，最怀不满，力求改良乎？一言以蔽之，则经济组织之方面是也。政治、法律、道德、经济，皆人类生活所不可缺者，其中惟政治次第改良，有民主主义之倾向焉。国家之政治，由国民一般为之。向日握于有权势之少数者之事，今已逐渐减少。即政治上阶级争斗，已不如前。往昔罗马贵族、平民间之争斗，渐少见矣。举其代表，则英国宪法政治之发达，民本政治之发达是已，其在他国亦渐有此倾向焉。

随于此民主政治之发达而法律渐次改良，国民皆平等以一法律支配之，其附于或特殊阶级之特权，既渐次绝迹矣。如斯改良政治法律，一切以民主的行之，而各人皆得平等，故政治上阶级之争，于是乎熄。水之流也，不暂停焉，若欲阻之，其势必激。然使水有出口，则决不至于泛滥矣。政治法律，亦有出口焉。盖法兰西革命之后，渐次为开路之工作，故关于此类之争，已渐无之。且昔之道德，为阶级道德（Klassen Moral）；商人有商人之道德，农人有农人之道德，各有其阶级之区别。但此区别，今亦渐减，而视人为一“人格者”矣。昔者亲对于其子之生命财产，有全权焉。今则不然。夫如是，政治、法律、道德等各方面阶级之区别（Class Distinction），渐次减少。故在是等方面所谓阶级斗争者，亦渐次减少矣。

然最近之经济组织则如何？社会上最重要一方面之经济组织，实不见有何等之改善。不特不能撤废阶级之别，反因新学问自然科学之发达，尤如蒸汽机关之发达、最新技术之应用等，在经济组织方面，阶级之区别，益加甚焉。家内工业、手工业之时代，交通不便，虽极富者亦能知其限度。及蒸汽机关应用之结果，事业之规模益大，交通愈便，而一人之富力，愈不可测。同时属于贫民阶级即所谓第四阶级无资产者之数，乃至激增。由是经济上社会阶级之区别之意识，益明而深焉。彼政治上、法律上之贵族主义虽略屏息，而经济上之金权主义，顿增其势，致多数人民日被压迫，沦于悲境。以故尝在政治上、法律上、道德上绝叫自由平等之口，今不可不于经济上绝叫自由平等矣。此实由第十九世纪初所起之悲痛的社会阶级争斗之声也（蒸汽机关之发明，为十八世纪之末，其应用于英国之制丝事业，则始于第十九世纪之初）。

于此种情形之下所产生之社会主义，是为近世之狭义社会主义，所谓科学的社会主义是也。夫绝叫打破现状，而描写新社会之空想者，是为空想的社会主义。反之，精密的、理论的、以思索现状之所由起及如何改变现代社会者，则为科学的社会主义。故科学的社会主义，不但为一种社会运动，又可谓关于社会组织之研究之一种思想体系。至澈底作如此研究之第一人，实加尔马克斯（Karl Marx，1818—1883）其人也。马克斯之思想，实有种种之传说，其主要者凡四，即一为圣西蒙之唯物史观（St. Simon，1760—1825）（Economic Interpretation of History），二为黑格尔（Hegel，1770—1831）之辩证法（Dialectics），三为佛尔巴哈（Fenerbach，1804—1872）之人类学的唯物论（Anthropologicl Materialism），四为达尔文（Ch. Darwin，1809—1882）之生物进化论等。自吾人思之，马克斯至少有以上之四种传统也。

（1）历史之变化，一切由经济学方面说明之。圣西蒙以经济的说明法国之历史，尤如法兰西革命，以为基于经济关系，其革命之过程，亦以经济的说明之。彼盖欲统一凡学问而入于一体系之中也。马克斯于此大感兴味，因而影响于其主张焉，此事实也。

（2）黑格尔之哲学，为泛论理主义，谓凡世界之发展，以正、反、合之顺序而进行。盖 Thesis 必然生 Antithesis，而此二者之对立，更必然进于内面的结合统一之 Synthesis。即有有必有无，有无则此处必有其综合之变化。此实思想其物之形式，而此世界亦为理性之显现，故思考不可不准据此根本形式焉。质言之，世界之过程，一切由此正、反、合之思考之必然法而进行也。马克斯非曾亲炙于黑格尔者，当其赴柏林时，黑格尔既下世矣。彼以非常之兴味，研究黑格尔。然黑格尔之辩证法，为精神的。马克斯则以之结合于圣西门之经济观。盖马克斯以黑格尔之辩证法，为经济的唯物论的辩证法也。

(3) 佛尔巴哈，为黑格尔之直接弟子。黑格尔之弟子有三派。其主要者二派，世称右党及左党者也。左党由黑格尔之绝对的唯心论，而引出极端之唯物论。佛尔巴哈者，属于左党。彼之人类学，有实用主义之观。极端立于人类中心之立场，一切乃至神，皆谓为自己所作出者。而所谓自我者，全视为物质的肉体的。故佛尔巴哈于其所著书中，谓神因食 Ambrosis 而不死，人因食青物而死，而不得不死。彼虽如此极端以物质说明一切，要之以人类为中心而观察神及其他一切之物，则其归宿也。故温狄（Wundt）称之为人类学的唯物论（Anthropological Material-

ism）。至承此人类学的唯物论以结合于社会上之问题，而到达温狄之所谓社会的唯物论者，实为马克斯其人。

（4）马克斯晚年在伦敦曾读达尔文《种之起原》（Origin of Species）。[1] 其资本论（Kapital，I. Bd. 1867）中，受达尔文之影响颇为显著，此不能否认之事实也。

马克斯之社会思想承以上之四种传统而产生。关于社会组织，彼之理论，可由种种方面说明之。吾人今欲从（甲）唯物史观（乙）余剩价值之二方面，以述马克斯之体系，而明其特质焉。

（甲）唯物史观（Economic Interpretation of History；Historical Materialism；Ma-

---

[1] 今译为《物种起源》。——编者注

terialistisohe Geschiohtsanffasung）。社会组织之基础，为经济组织，至政治道德等，由此而生焉。用水车以碾谷，封建政治之时代也。借蒸汽以制粉，国会政治之时代也。盖运转社会，为经济的事情，动而行之者，技术也。技术为本而进于经济的事情，更及于政治法律之组织。然其变化之方法，与生物进化之方法相同。依达尔文，则下等生物，无组织之分化。由是渐次而组织之分化以起。社会组织，原极复杂，至其根本基础，则经济组织也。随此经济组织之分化发展，而社会其物之进展生焉。

（乙）余剩价值说（Theory of Surplus Value）。此思想自亚丹斯密斯以来已有之。然马克斯则以现代之社会组织，即现代资本主义之社会组织，由此余剩价值而说明之也。余剩价值云者，依马克斯之所说，某资本家使役劳动者之时，例如以六时间之劳动，则可得对于投下资本之普通利益。然因资本家收买劳动者，乃使之为八时间、十时间乃至十二时间之劳动。以故此二时间、四时间乃至六时间之劳动，可获得普通利益以上之利益，此利益即所谓余剩价值也。此余剩价值集积而为资本，此资本又活动焉。如是累积，以至无垠。此以余剩价值说明资本之发生，为资本论之一趣旨也。恩格尔斯（Friedrich Engels）[1] 以唯物史观及余剩价值之两说，为马克斯社会哲学上之二大发见，有不朽之价值，极赏赞之。然此二者不必如恩格尔斯之所言为马克斯之创见，如前所述，自有其由来与传统也。

与马克斯相前后，有路狄伯尔滋

[1] 今译作“恩格斯”。后同。——编者注

(Rodbertus)、拉撒勒（Lassalle）焉。彼等之说，各各相异。然为与其后新社会主义之主张相区别，可总称马克斯、恩格尔斯、路狄伯尔滋、拉撒勒等之说，为古典的社会主义。自布勒斯罗之教授宗巴尔提谓马克斯之说，已被挫折，或有谓马克斯主义为既死者。要之，所谓古典的社会主义，已渐呈衰颓之势。而第一加修正于马克斯之说者，则伯伦斯丹（Bernstein）其人也。伯伦斯丹，为德国社会运动之首领。一八九七年于其党之机关报《新时代》(Neue Zeit)，有批评马氏之说。

第一，从马克斯最著名之“爆发”说等，则因私有财产制度之存在，人类堕落，失其天国，故惟有由革命而破坏此制度，庶天国不难再获。社会主义之胜利，即天国出现之意义也。若不根本的破坏此堕落之社会组织，则社会之改良，终不可望。然马克斯之说，使人意气沮丧，妨碍进展，恰如基督教谓纪元一千年世界将有破灭之虞，于是多有信此臆说而耽溺于佚荡生活者矣。今之言革命者，与此相同，往往假托革命，何事不为。惟仰视云行，游惰过日，以待时会之至而已。故世之进步，反为所碍，如马克斯之说，余实反对之。此伯伦斯丹之言也。

第二，如前所述，马克斯以为余剩价值之结果，资本将次第归于少数富豪之手，大多数之人，渐次贫穷。关于此点，伯伦斯丹又加此评，而以其宣言书为攻击之的焉。伯伦斯丹曰，马克斯之性质，最易同情于一方贫民阶级之愁诉哀愿者也。当其书此宣言之时代，即自一八四七年至一八四八年之际，为欧洲社会动摇革命之时代。马克斯受此气分[1]之结果，故有如此之意见。然自此宣言书公布以来，五十年间所现实际之事实，视马克斯之所言，迥乎不同。即资本家决不减少如彼所料，而反为有增加之势也。要之，马克斯之所见，与现状不合，则为事实。尤如德意志之社会主义者，亦已渐趋于稳健矣。一八九一年之万国社会主义者大会，德意志社会派宣告脱会，其态度乃至于此。所以然者，为普通选举之一般化，由此可得发表彼等意见之方法；盖政治上因国会主义之故，彼等之态度乃极平稳，因之非国家主义，遂渐次绝迹焉。自世界大战以后，不特德意志而已，列国之社会主义者，其主张非战论者，亦复极少，且彼等对于宗教，亦趋缓和。往昔社会主义与宗教不两立，社会主义者不得不排斥基督教。依彼

[1] “气分”，今作“气氛”。——编者注

等之所见，德国纹章之两头鹫，其一表示资本，其二表示宗教，不打碎此二头者，则社会状态，终不能改善也。然自一八九一年，有名之耶尔佛尔提会议决定以宗教纯为个人之私事，与社会不生交涉。故两者非冲突而不相容，以后对于宗教遂无反对之意见矣。现在社会主义者之所倡，随人而异。何者为社会主义者之真意见，殆不能明。盖古典的社会主义之马克斯、恩格尔斯等之说，既被破坏，其新出而可以代表一切者，犹未实现。即社会组织之研究、批评、思想之体系，未能成立，各人可随其所欲而主张之也。今就伦理学方面言之，例如柯知克（Kautsky）于其所著《伦理学与唯物史观》（Matercalistische geschichts anffassung und Ethik）反对伯伦斯丹之主张。盖伯伦斯丹离马克斯而归于平稳，柯知克则纯为马克斯主义，在今日可为马克斯主义之纯粹代表者也。

依彼所说，理想主义之伦理学则以伦理为超绝时间、空间之不变的者也。此亦大误。盖道德者与社会相共变化，世无通于凡阶级、凡民族之道德。昔之善事，今变为恶者，往往有之。若有通于凡阶级、凡民族之道德，则缺乏社会的冲动，及由此而生之社会的德义之念，或忽为不道德矣。所认为一定不变者，惟在道德之形式的方面，至其内容，固时有变化也。今社会事情虽变化无常，惟道德以因袭的形式，依旧相沿。势必至于现代社会事情与现代传习道德，全相矛盾矣。不悟社会之变化，由社会之经济的事情而异，故道德亦不可不随此社会之经济的事情相与俱变也。夫新时代固要求新道德，但其中不乏保守主义者，而因袭的道德，遂由之以保存焉。然则保守主义者以此因袭的道德，为满足乎？斯又不然。盖彼等实亦同要求适于新时代之新道德也。但彼等心中虽要求新道德，而形式上犹不敢独行之；彼等心中虽不满于因袭的道德，而表面上犹能恪守之。或乃因新、旧道德矛盾冲突之故而生烦闷，遂谓不如退出今日之社会而隐于山中者，于是有所谓隐遁主义者焉。要之，有阶级区别之社会，诸如不自由利益垄断一切不道德之事，诚所在有之。至新兴社会则宜以法兰西之三理想（自由，平等，友爱）为理想。欲实现此理想，则不可不打破贫富阶级之区别，此吾辈社会主义者之主张也。

至安东麦加（Anton Menger，维也纳教授）则与柯知克少异，由权力说之立场而主张新道德论（Neue Sittenlehre，1905）。依其所说，第一，道德者顺应于社会之权力关系而生者也。故社会之权力关系变化，则道德亦变化。贵族若为此社会之权力者，则有适当于贵族之道德。武士若为此社会之权力者，则有适当于武士之道德。又若今日之社会权力者为资本家，则有适应于资本家之道德。昔之恶事，今固有视为善行者矣。第二，社会之权力关系变化，而因袭的道德依然存在，则矛盾起焉。今日之社会，乃劳动者取得权力之社会也。盖生产由劳动者行之，资本家直接不与焉。故劳动者已渐为权力者。然以有因袭的道德之故，实际之权力，不得其所，于是发生道德的不安。以故适应于今日社会之新道德，不可无之。欲达此境，一方应极端为高尚道德上之说教，他方应为权力关系改善之运动。

第三节　正义之问题

以上第二节，述科学的社会主义之思想变迁。由此观之，社会主义之理论与实行，乃关于现经济组织之理论及其改善之实行也。以故彼等直接关涉之问题，为经济问题，非道德问题。即社会主义，为经济问题，与道德之研究，无甚关系也。然彼等社会主义者，何故如此绝叫现代经济组织之改善乎？笃而论之，实以现时经济组织之下，富之分配，极不公平，反于正义，不合道德，故此社会不可不打破之，改善之也。然则彼等社会主义者之所绝叫与运动，其根据在欲实现公平义之道德理想耳。惟公平正义为何，此已成一问题，而所谓社会问题者，既已变为道德问题矣。社会问题之根柢，有道德问题，若不解决道德问题，则社会问题之解决，亦不可能。彼讴歌现代以为现代经济事情之下，富之分配，本无偏颇，不失公正，一切出于个人之自由活动，一切依自由竞争与自由契约之结果也。然则社会主义者之言与讴歌现代者之言果孰是乎？吾人于此遂不可不入于“平等”“正义”为何之研究矣。故涉及社会问题之根柢，则不可不入于伦理问题。齐古拉（Ziegler，Sozialfrage als Sittliche Frage）谓社会问题为道德问题，斯丹（L. Stein）著《在哲学观察下之社会问题》，其尤著者也。于是所谓公平正义为何之问题，遂成社会问题解决之关键，而为挽近伦理上之重要问题。观于一九一四年十二月亚美利加之联合哲学大会之讲演，多有正义论，可以知其重要矣。正义论既如斯重要，故自伦理学开始以来，即有关于此事之许多研究。例如柏拉图，所谓四主德之中，置正义于第一。亚里士多德，亦曾就正义有所讨论。其中尤精析研究正义之观念者，自以穆勒（J. S. Mill）为首选。彼分正义之概念为次之六种：（1）遵国法。即正义云者，遵国法是也。遵国家之法律为善行，遵舆论、道德亦同。（2）遵理想。现时社会，其法或谬而恶，于此则破坏法律，无宁为善。又暴君制定恶法之时，能破坏之，反合于正义。此对于现时的法而遵守所谓理想的法者也。因之遵守理想变为正义矣。(3) 受取如值者，正义也。如取得与劳动时间相当之报酬，事属正当。劳动五时，则受五时之报酬，十时则受十时之报酬。(4) 守信，即守契约为正义。如负债者，若一定之期限届满，则应以本利共返债主。(5) 不偏颇为正义。尤如审判官，对于原、被两告，最宜公平，否则正义破坏，法之神圣，为所污渎矣。(6) 平等云者亦正义之意也。例如在国法之前，凡人同等，是凡人皆被豫想为平等者也。以上六种，(1) 遵国法，(2) 遵理想法，(3) 受取如值，(4) 守信，(5) 无偏颇，(6) 平等，是六者，所以构成吾人正义观念之要素者也。

今试分配以上之正义观念而思考之则

如何，谓社会主义者之所谓不正义为是乎？将讴歌现代者之所谓正义为非乎？此其争论实起于私有财产也。以私有财产既被承认，故各人惟思自己之利害，而不顾他人之利害，于是有贫富之悬隔焉。因之对于富之分配，亦有公平不公平之论矣。故推究其说，终归于私有财产制度之问题。关于此项制度，本有种种思想，此处惟举其主要之三者。

（1）法律说。财产者，依法律所保证者也。在依法律保证以前，惟所有而已。至他人不得侵害者，则以国家权力保证之故耳。有此保证，然后所有之安全生焉。吾人社会生活中最重要者惟安全一事，然此必由法律之保证，始可得之。如此极端以法律之保证说明财产者，是为法律说。孟德斯鸠（Montesquieu）、边沁（Bentham）、卢梭（Rousseau）等之主张皆是。

于此有反对之说焉。盖法律亦有不当之时也。卢梭答曰，恶法不胜于无法乎？对于此说亦有反对者。其言曰，今日社会组织之缺陷，在于以法律之保证，而成立资本主义。盖法律为有产者之保证，而无产者反受其害也。边沁答之曰，虽然，若去法律，不特强食弱肉而已，虽自己之所有，亦不得安全焉。夫自己之所有，不得安全，孰肯努力以积财者哉？如是，则必至一切人不劳动，一切人皆贫穷，以度其日常之生活。质言之，无法律则一切为无产阶级，依法律而后有几分之有产阶级，此固胜于仅有无产者之状态也。

然而从来之法律，能为财产之保护矣。关于劳力之保护，则犹未备（工场法等虽为达此目的而作者），不能谓法律能充分保证分配之正义，固事实也。

（2）需要说。此说之要旨以国家、社会宜应于组织者之需要而赋与之。如哥狄文（Godwin）之相互论（Reciprocity Theory）是。依哥狄文，则各人宜为国家、社会而尽其所能，至所需要，则由国家、社会受取之。然各尽所能云云，此虽能言，未必能行也。盖人随性劳动之时，不能谓汝可以更劳动也。有十时间之劳动力者，以三时间劳动，则可谓尽其所能矣。于此之时，不能谓可以更劳动七时间也。若在租税，欲察某有几何纳税之能力，则可由所有者之财产额、地价、所得等而计算之。然尽其所能云者，不能如地价及所得等可以按籍而稽焉。故劳动力之多寡，他人不得知之。复次，应于需要而分配，一若可得如何公平者，然不能豫定各人需要之种类与程度。有时供给力有限，而需要者至众，将以其有限之供给力与于需要者之某一人乎？今有一片之面包，有多数艺术家劳动者需要之，果应与之于谁耶？果谁需要之度较强耶？其说于此，非常困难。至其实行，亦多弱点。盖到底难于实行之说也。

（3）劳力说（劳动说）。生产由于劳动者，故应与之于劳动者，此安东麦加之言也。然此说亦不公平。盖生产不仅由劳动而生，须备劳动、资本、土地之三要素。故惟与生产于劳动者，非正当也。假使惟与之于劳动者，犹如需要之说，于此亦难定劳动者能力之度。今有造笔一只[1]者，此一支笔，实与非常之多数人有关。对于其笔之生产，各劳动者果费如何之劳力，极难计算。因之分配之正义云云，依然犹为问题也。

[1] "只"，当为"支"。以下迳改，不再注明。——编者注

此外尚有平等说。除性之外，一切不认其区别，而平等的分配于各人之说也。夫平等之观念，为社会上、政治上重大动摇之动机。然平等之云，其概念至为暧昧。人之言曰，凡人皆自然平等，其实不然。盖人有性别，自始即分男女，又生而有强弱之差，有能力之异，或以感性独秀，或以意志见长，或以知识为优，于此意味，不能谓自然平等也。有修正此说者，谓人生至七八龄时，大略相同。其后以境遇、职业之别，教育方法之殊，次第相悬。或为下愚，或为圣哲，一若先天有然，实则后天之故。此亦谬见。盖必先天有此素质，斯后天能遂其发达。在一家之中，同种情形之下，所教育之子弟，优劣不同，以此故也。次言政治，亦非平等。妇人参政，究属例外。儿童无参政之权，则各国所同。虽在男子，亦由财产而有区别。以言理想，苏格拉底有言，任何职业，皆需熟练之技术，况于政治乎？不得谓生于雅典之故，便得参与雅典之政治也。柏拉图亦谓政治为哲学者之事，故自理想而言，亦不能谓凡人皆平等也。更从经济上观之，自由择业，自由劳动，自由处分其结果，此虽平等，然人有能有不能，有长有短，无才者不能就困难之业，而职业之选择，又不委之于儿童之自由。然则平等终无意义乎？吾人惟从道德上观察，始觉其有意义耳。盖自道德言之，若人皆认为人格者，则于此点可谓凡人为平等。或宗教的言之，在道德上无男女之别，无老弱之别，无能力之别，非以政治上、经济上见称平等。因于道德上亦谓之平等，乃于其根柢承认道德的平等，而后及于政治的、经济的平等也。社会主义者，不说伦理上之平等，直说经济上、社会上之平等，此其弱点。故现今之平等论者，犹不可谓为澈底也。

第四节　社会主义与个人主义

居今之世，一言社会主义，则有种种之理论与主张，而难于概括言之。惟改造社会，使社会一切人能为满足之生活，则其目的一矣。然其根柢思想，在于个人皆遂其生存而享幸福，实立于个人主义的见地。故自言语上观之，以个人主义与社会主义，全为两事者，谬也。彼齐古拉于前述之书中实陷于此谬见。至康德之人格主义，于其无上命法之第二形式，视人为目的而非手段，亦可谓为个人主义。然康德之个人主义，如前所述，决非利己主义，乃自他平等主义。其立脚于如此思想者为新康德派之修多鼎加、修但拉等。要之，吾人认个人主义与社会主义，盖同目的而异手段，有非常密接关系之主张也。